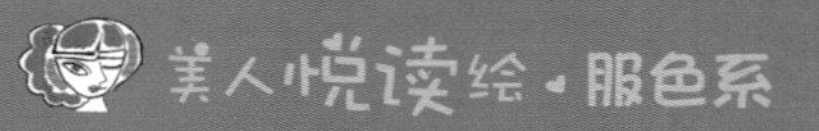

YIYU

衣语

向日葵　主编

农村读物出版社

图书在版编目（CIP）数据

衣语 / 向日葵主编．—北京：农村读物出版社，2013.6

（美人悦读绘．服色系）

ISBN 978-7-5048-5691-3

Ⅰ．①衣… Ⅱ．①向… Ⅲ．①女性－服饰美学－通俗读物 Ⅳ．①TS976.4-49

中国版本图书馆CIP数据核字(2013)第106105号

策划编辑 黄 曦

责任编辑 黄 曦

出　　版 农村读物出版社（北京市朝阳区麦子店街18号 100125）

发　　行 新华书店北京发行所

印　　刷 北京三益印刷有限公司

开　　本 880mm×1230mm 1/32

印　　张 3

字　　数 100千

版　　次 2013年6月第1版 2013年6月北京第1次印刷

定　　价 20.00元

（凡本版图书出现印刷、装订错误，请向出版社发行部调换）

目录 Contents

Contents

衣
语

前言

拥有，不断拥有漂亮衣服这件事对于女人来说到底有多重要？很重要！重要的程度，男人还是不要知道为好，因为这答案会刺激男人，让他们很沮丧。

有人在女性中做过这样的调查：半年不买衣服与半年不和自己的男友或丈夫在一

起，哪种状况更让女人抓狂？让男人没想到的是，不少女性居然选择了前者。针对这个结果，有人开玩笑地说：男人们，别说什么“兄弟如手足，女人如衣服”了，别以为这样就能打击女人，其实，在女人们看来，男人连衣服都不如呢!

男同胞们，伤自尊了吧？呵呵，别那么当真，这也就是个小调查，目的不过是想让男人明白，女人们对衣服的追求欲望到底有多强烈。

如果说女人如花，那么，衣服就是花朵不可缺少的绿叶。或者说，衣服，是女人的另一种表达方式。女人因华服或素衣，或浓艳或淡雅地万种风情。在每日的衣语中，女人表达着她们最真实的性情和情绪。活泼的，娴静的，或悲或喜，通过衣服的色彩，通过衣服的样式甚至面料，表露无遗。

男人了解女人，女人了解自己，不妨都从了解她们的衣语开始，透过繁华，看到内心。

衣语

触摸心灵的无边美色

色之变换，

正如心之变幻。

+ 黑色

黑色是一种很有争议的颜色。

有人觉得它代表了安全感。因为黑色能够席卷一切，包裹一切，掩盖一切。完全的隔绝感，态度坚决，不妥协。强大的气场，足可让危险退避三舍。无论内心多么惶恐不安，只要用黑色遮蔽，表面就会看上去妥妥帖帖，毫无破绽。

喜欢穿黑色的女人，是两种极端。要么就是性格坚硬到不能和其他色彩兼容；要么就是内心不够自信，过分依赖黑色给予的中庸的无差错感。

也有人觉得黑色代表了危险和诱惑。黑色这个貌似没有态度的颜色，其实代表了最强烈的情绪色彩。所以，有人用黑色来传达性感。正因为黑色与所有颜色都泾渭分明，让人无法忽视，所以，即使用黑色包裹全身，也大声宣告着不容忽视的鲜明存在。

黑色是最不需要花心思去设计的颜色。简洁是大气，繁复是古典。翻手为云覆手为雨。

黑色也是最需要用心去体会的色彩。因为过于内敛，黑色的每个表述，都不能只看表面，需要深入到内心。

黑色是最有诗意的颜色。诗人顾城曾有诗云：黑夜给了我黑色的眼睛，我却用它去寻找光明。

+ 白色

白色天生会让人产生好感。因为，没有人能拒绝一尘不染的纯净。

在白色面前，兵戎相见是不合适的。面对天真无邪，任何心计都显得龌龊和没有必要。白色如同一所从不锁门，也没有藩篱的房

白

子，让人来去自如，没有压力，也没有负担。白色，是一个武林高手，出招于无形，身未动，而心已远。

被白色包围，很容易让人精神放松，不知不觉间，不设防地已被催眠。所以，白色，适合做疗伤色，给人抚慰，让人心安。

白色是神奇的，它天生具有化繁为简的能力。它是简洁的，但它却不简单。它永远处于一种期待的状态，等待有心人融入其中，改变它的状态。给了阳光就灿烂，给了色彩就斑斓。

遇见白色是幸福的，被白色等待着，也是幸福的。

+ 灰色

如果说黑色营造出的“气质感”太过生硬，可以尝试一下灰色。

灰色在某种程度上可看成一种善于妥协的颜色。它有威严，但它的威严又不太坚决，它不建议激烈地颠覆，它只倡导温柔的革命。

灰色是让人尊重的，但这种尊重没有拒人于千里之外。你需要仰视它，可只要它愿意，它也可以俯下身体，拥抱你。

它恰到好处地制造了距离感，但却没让自己落入到不食人间烟火的深渊。它温温地，用不伤人的态度表达着自己的冷静。

灰色是一种很容易制造出错落感的颜色。灰色的大块，只要来点粉粉的红，就会呈现性别混搭带来的另类妖媚。冰冰的蓝和灰色挽手，中性清新会让人无法抵挡。

灰色不张扬，但总能给人惊喜。

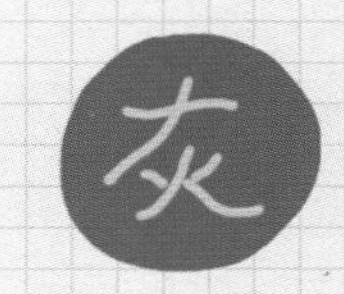

+ 水果色

如果说灰色和黑色彰显的是自信和成熟，那么，水果色张扬的就是新鲜和青春。

水果色是有生命的。它们不是色板上安静的那抹颜色，即使沉默不语，它们也有特殊的魅力，悄悄地释放着诱人的气息，让人垂涎欲滴。

水果色，是一种看上去就让人很有食欲的色彩。这是一种连通了视觉和味觉甚至嗅觉的奇妙色彩。它们含苞欲放，游刃有余地越界飞行，所到之处，阳光灿烂。

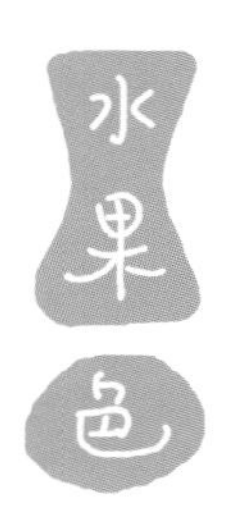

如果不是追求舞台效果，水果色是不能与苍老的面容搭配的。这种反差，不仅不会减龄，更容易强调苍老的凄厉。

因此，千万不要把水果色当成扮嫩的神器。它站在青春的高地上，孤傲，自恃美丽而有点不可一世。

水果色对肤色和肤质有着近乎严苛的要求。只有匹配度足够高，才相得益彰，相映成趣。否则，就是一出露怯的悲剧。

+ 粉嫩色

粉嫩色是最能诠释什么叫做“天然萌自然呆”的。这种颜色，如同初生婴儿般的清新，粉得让人心疼而不舍得触碰。

我见犹怜的粉嫩色很容易激发男人本能的保护欲。男人的孔武有力，如果闲置，那叫暴殄天物，还是多给机会发挥吧！在保护弱者的时候，男人气质才会因为有价值而光芒万丈。

粉嫩色讲究的是多一分嫌多，少一分不足的精准直觉。多一分，就变成了世故，少一分，则堕入幼稚的深渊。刚刚好，才能调出这样纯净到让人心碎的色彩。

粉嫩色相比水果色，性味更柔和。粉嫩色并不拒绝韶华已逝者的偶尔驾驭。粉嫩的颜色，会让年龄的厚重变成一种错位的天真。而女人，是被允许天真到老的“特权动物”。

看色识人，爱穿粉嫩色的女子，无论年龄大小，都有一种无法割舍的少女心态。也许看上去有点“很傻很天真”，显得那么不切实际，可是，在如今诚信变成奢侈品的时代，这样的心无城府其实更显得珍贵。

艳色

+ 艳色

面对无边的艳色，练的是人的定力。

艳色太有侵略性。那种嚣张和霸道，似乎总是得到了谁的特许。虽然飞扬跋扈，可并不让人心生厌恶。

美丽果然是一种特殊的语言，轻易就能让人理解和心生爱怜。艳色，如同一位遮掩不住也无须遮掩，天生丽质难弃的女子，存在就是风景，一笑一颦，都有她的道理。

可艳色并非总是随心所欲。随着时间流逝，过于耀眼的东西也更容易光华褪去。正如英雄迟暮让人惋惜，美人老去，更是让多少人珠泪沾襟，扼腕叹息。

敢把艳色穿上身的女人，要么外形出众，要么性格刚烈，总之，内敛和她们是挨不上边的。她们有本钱，也有勇气辐射着超能量的美丽和气场，无边无际。

有个词叫做气场，“气场很大”用来形容艳色带给人的感觉是最合适不过的了。如果自信不足或能力不够，根本难以正视这个颜色带来的压迫感。

艳色似乎适合所有年龄的女人。青春+艳色，那叫做美丽不打折。随着年龄的增长，艳色更能给女人带来一种外围的能量和动力。美丽之外透着威严，不可亵玩，只可远观，有时，这样的距离感会让女人感觉更舒服，更安全。

+ 烟熏色

烟熏色，是一种很暧昧的颜色。这种颜色说黑不够黑，说灰又灰得不够纯粹。烟熏色，要的就是界限模糊营造的那种朦胧感。

烟熏色让人感觉安全。作为眼妆使用，氤氲的颜色，让凌厉的双眼变得迷离而柔情万种。深陷其中，身披烟熏，淡淡的颓废，更接近慵懒。完全没有进攻性和侵略性。

烟熏色是很自我的。沉浸在自己的故事里，悄悄弥漫孤傲和淡然。

但不要以为烟熏就放任自己堕入孤寂的深渊。在烟雾朦胧的表面下，其实有着自己说不清道不明的渴望在涌动。那颗被包裹的内心，并不冰冷坚硬，隐约散发着暖人的温度。

但要触及内心，还需要放下戒备，破茧而出。

喜欢烟熏色的女人，外冷内热，每次想要表达，又迟疑良久，朦胧而犹豫。

衣语

触摸视觉的女性符号

无论妩媚天真还是成熟世故，存在就是合理。

+ 荷叶边

如同莲花般清新脱俗，这肯定是大多数好姑娘追求的目标。先不谈内心的修炼，就说形象上的塑造，荷叶边，绝对属于标签式的直接表达。富有动感的荷叶边，无论放在服装的什么部位，都能一下带来韵律和节奏，带来摇曳的脱俗灵动美感。

荷叶边在领口

（1）小立领+荷叶边：庄重之中渗透女性妩媚

（2）露肩荷叶边：律动的性感

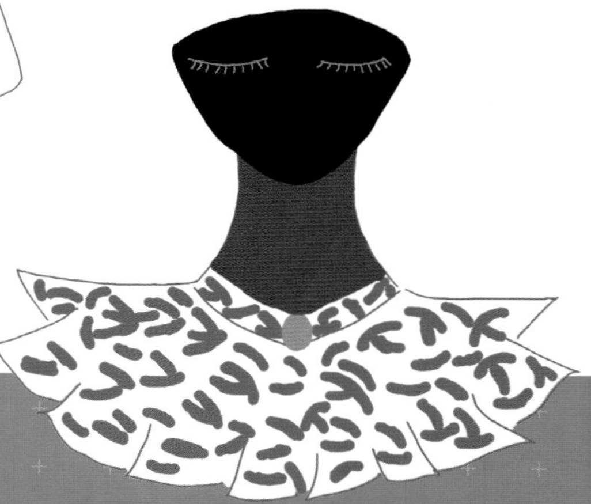

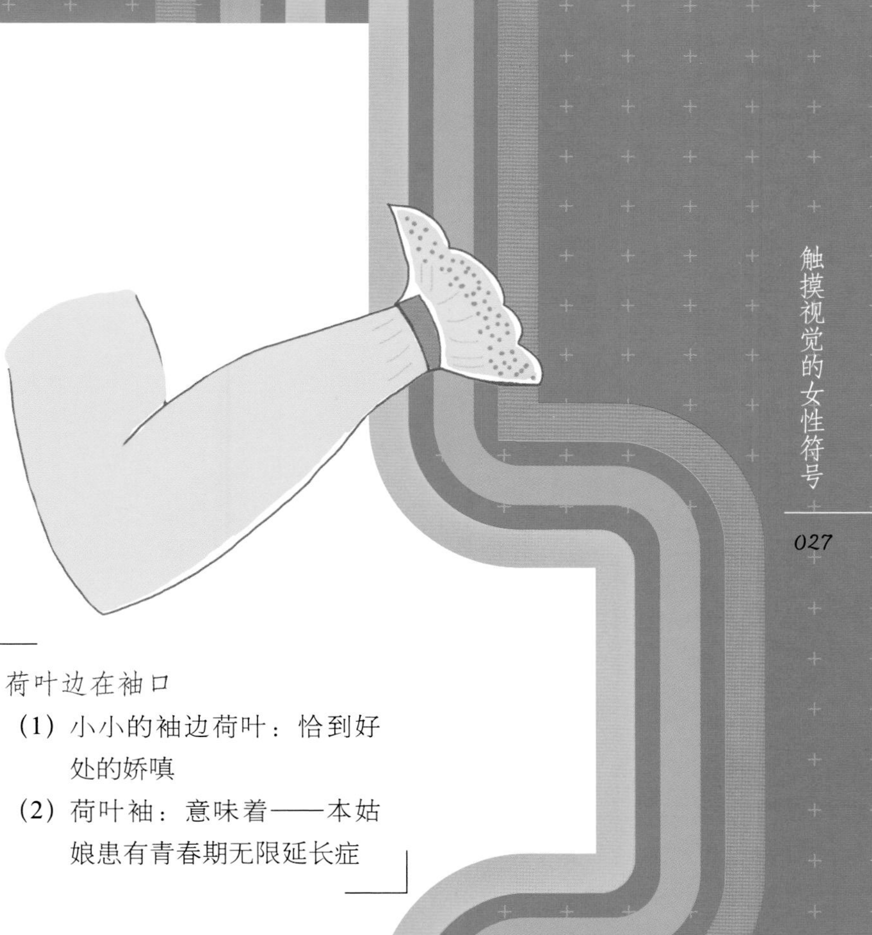

荷叶边在袖口

（1）小小的袖边荷叶：恰到好处的娇嗔

（2）荷叶袖：意味着——本姑娘患有青春期无限延长症

荷叶边在衣角

（1）局部点缀：要的就是这若隐若现的小清新

（2）大片铺陈："接天莲叶无穷碧，映日荷花别样红"

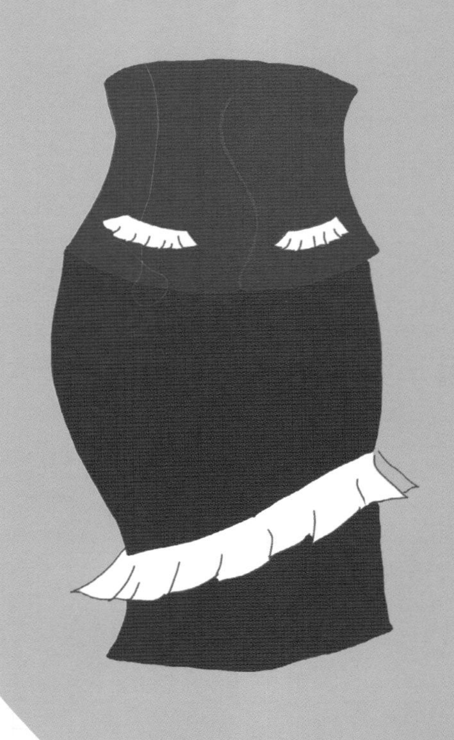

荷叶边在裙角

（1）小花边：让你小小的心动一下。

（2）大花边：追求旋转起来的感觉。

+ 蕾丝

很少有女人能抵抗蕾丝带来的致命吸引，从平民到王妃，概莫能外。

蕾丝特有的繁复细密堆砌起来的华贵神秘，正好迎合了大多女人小时做过的公主梦。那时的女人，还相信童话故事，对于未来，有着无限的憧憬，憧憬着穿上美丽的公主裙，等待那个好心的白马王子，披荆斩棘，来到自己面前。

只有公主才有资格配上英俊的王子，这是小时童话故事告诉我们的“真理“。即使是灰姑娘，那也是在华服加身，水晶鞋上脚的情况下才底气十足地和王子共舞。而蕾丝，则是构筑公主梦的服饰要素。

有梦想的人生丰盈而美好。坚持梦想的女人，穿着蕾丝，从青春年少穿到容颜渐老。从白蕾丝穿到黑蕾丝。从清纯穿到沧桑。

大多数女人最终并未一梦到底，在梦想的中途，她们在悼念自己曾经的美好憧憬后，脱下了白色蕾丝长裙，细心地折好，压在了记忆的箱底。然后，理智地嫁

给了没骑白马的那些男人。然后，面不改色地柴米油盐，相夫教子，过着平凡又平静的生活。只有难得的独处时光，女人才会翻出那件依旧清白无辜的蕾丝长裙，对着镜子，比在身上，回忆当年少女时代关于蕾丝与王子的梦想。

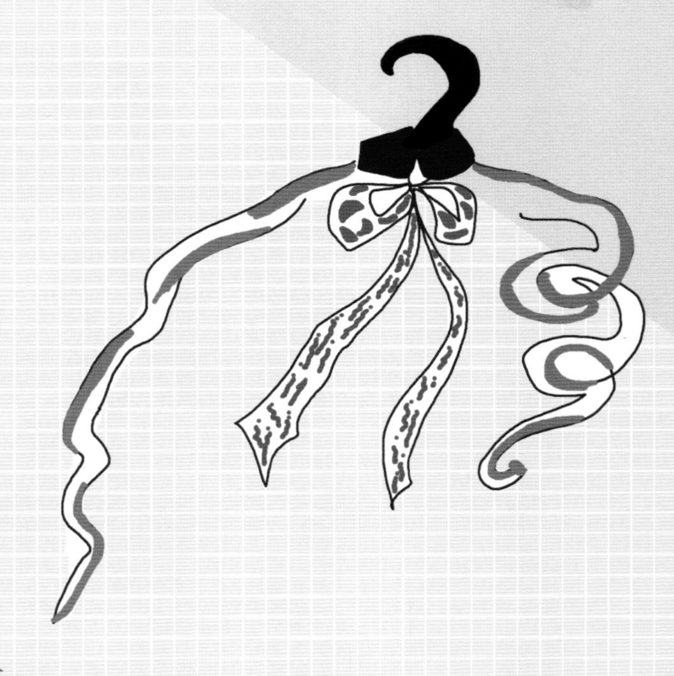

+ 飘带

　　女人对柔软的，有动感的东西特别没抵抗力。比如飘带。

　　只要飘带愿意，它的活法有一万种。可以繁复，可以简单，可以上下翻飞，可以左右逢源。

飘带出现的地方，一定是视觉的焦点。它们是负责吸引眼球的。无论整体的打扮如何心如止水，只要飘带经过，就有了点睛的化腐朽为神奇的那一笔。

飘带的性质是兼容的，可以在颈脖强调低头的那一抹温柔，可以在腰间渲染柔软的杨柳摇曳，可以在袖口随风摆动……

飘带

质地上，可丝绸，可绵绸，可雪纺。可以从里到外都柔软到底。当然也可以中性一把，形软而质硬，用麻质来硬朗一把，挺括一把。

如果性格奔放，飘带就是延伸的热情触角，颜色鲜艳，舞动着，代替主人给予每个遇到的人直接“拥抱”和问好。内敛的，那就轻轻地，淡淡地意思一下，享受别人视线的寻觅和追逐。

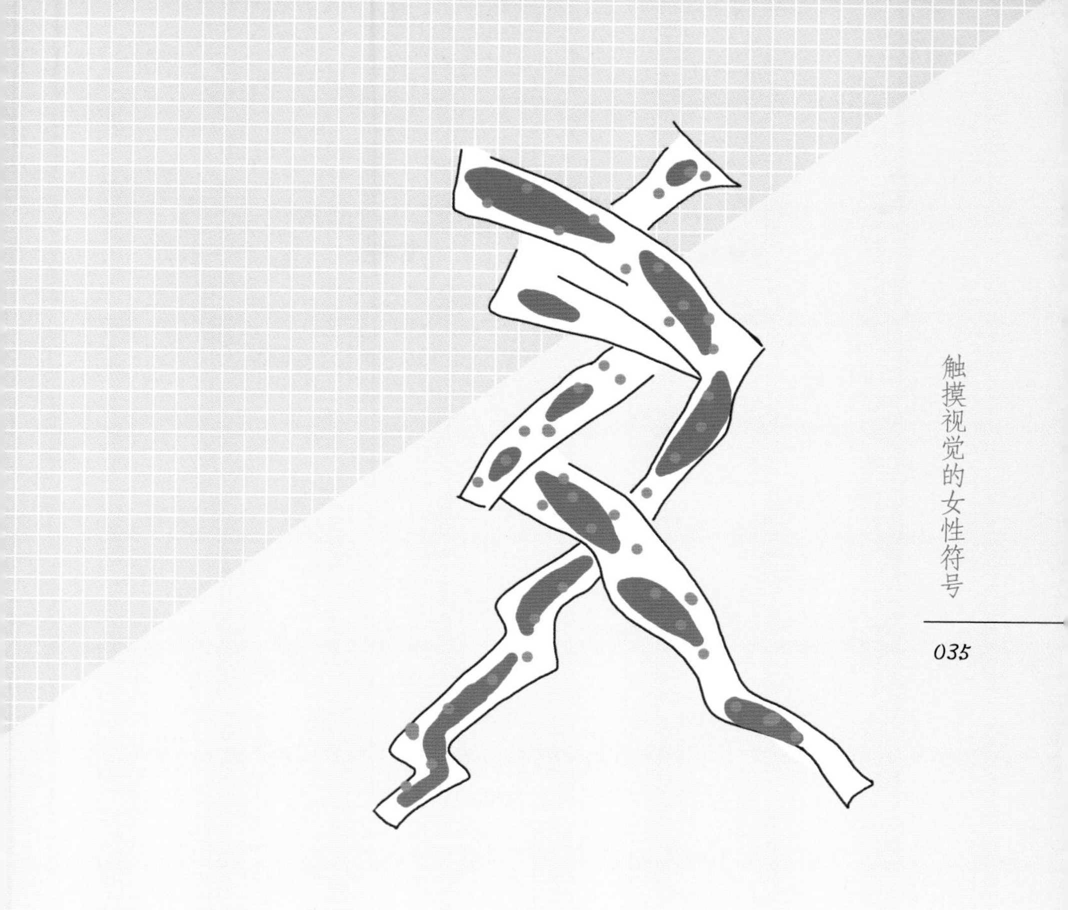

飘带，是服饰给予女人的另一种表达方式。无论哪一种女人，都能在飘带的花样年华中找到最需要的那种姿态。让它们代言自己的情绪，和世间对话。

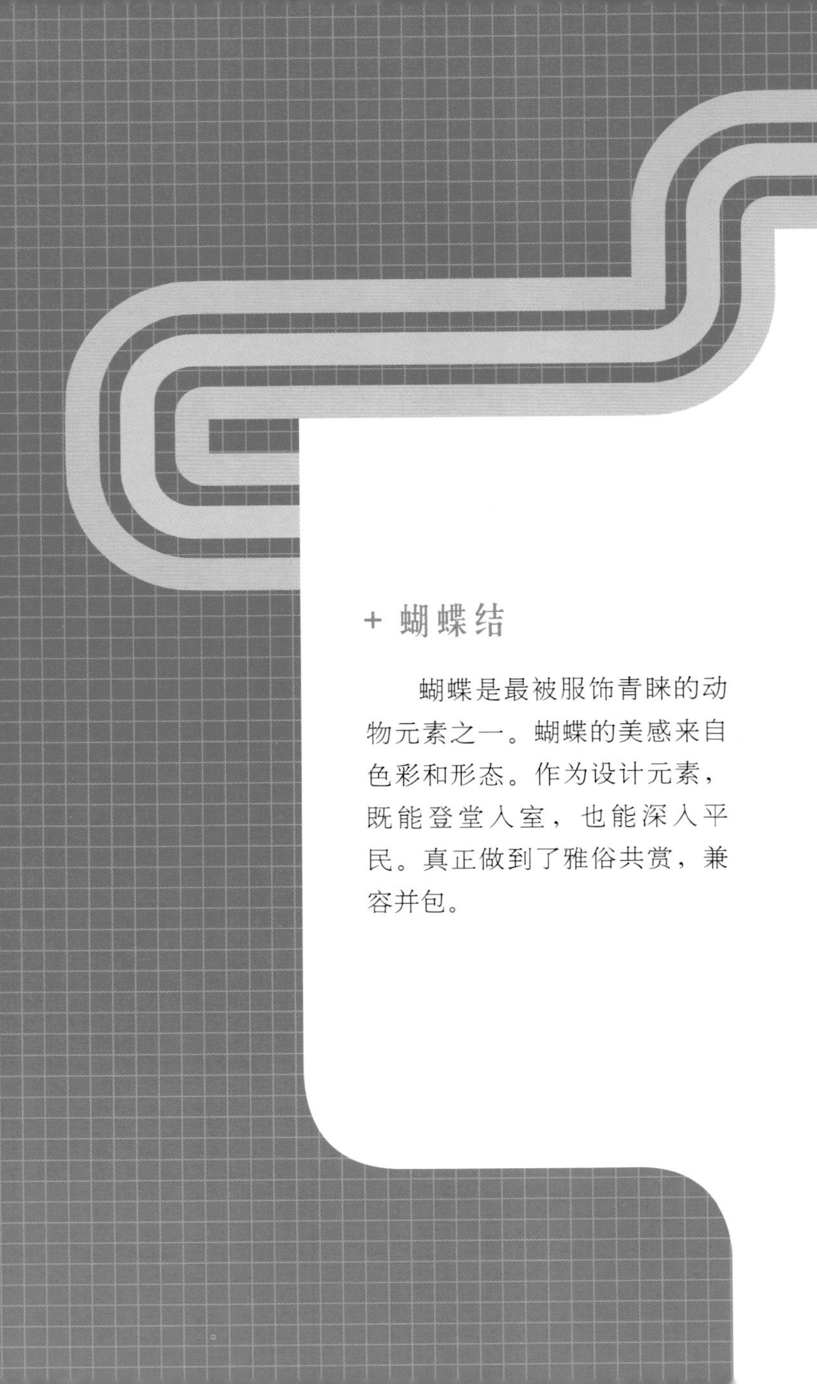

+ 蝴蝶结

蝴蝶是最被服饰青睐的动物元素之一。蝴蝶的美感来自色彩和形态。作为设计元素，既能登堂入室，也能深入平民。真正做到了雅俗共赏，兼容并包。

从好的方面说，只要想突出女人的娇俏妩媚，只要穿上有蝴蝶结造型的服装，百炼成钢的“爷们型”女孩也能瞬间变得柔媚起来。如果有快速造就“女人味”的需要，最简单的办法就是蝴蝶结上身，然后，再配上温柔的笑容，就能马上“静女其姝”起来。可见，蝴蝶结在塑造淑女形象上，是那么的功勋不可磨

蝴蝶结成为经典，就在于这种不挑人的中庸特质。或者说，这是一个不容易出错的女性服饰元素。

蝴蝶结既可融入到面料花纹中，也可作为点缀，作为衣领、袖口腰间及口袋处的装饰。中规中矩的装饰可用小蝴蝶，如果作为晚礼服或其他的服饰设计，则可全套服装围绕蝴蝶造型进行设计。

不用担心蝴蝶结会过时，虽然中性风盛行，但这个世界终归需要阴阳各行其道，女人归女人，男人归女人。女性柔媚风不死，蝴蝶结元素不死。

+ 泡泡袖

泡泡袖也叫做公主袖。与蕾丝一样，都是女人心里不可抛弃的最爱服饰元素之一。大大的泡泡造型，如同女人的七彩梦境，充满了理想主义的味道。

泡泡袖是不属于忙碌的生活的。正如钻戒不适合套在每日洗洗涮涮的手上，泡泡袖，也不适合用于通勤服饰。那样的张扬形态，那样饱满自得的模样，只适合玉食锦衣。

泡泡袖如同一位来去自如的世外佳人，它有时活在人间，有时会暂时闭关修炼。只等时机合适，再次降临人间。人们把她的再次光临叫做“复古”。

最适合驾驭泡泡袖的是萝莉型女孩。这类女孩，即使成年，也依然有着明媚如初阳般的面庞。泡泡袖和穿泡泡袖的女孩，交相辉映，都是美景。正如一首诗中写的那样：你站在桥上看风景，看风景的人在楼上看你。

+ 小圆领

小圆领是一种赖在童年里的领子造型，如花瓣般的圆润可爱，学生味十足，是“森女系”的标配元素。

相比理性十足的尖尖的衬衣领和有棱有角的西服领，小圆领更适合休闲的时光。你可以说它不思进取，但你不能不羡慕它的悠然自得。

小圆领最适合白衬衣。白色的纯洁与小圆领的童真可爱是天生的一对。

如果用在黑衬衣上，就会有混搭的效果，如同一个“坏孩子”某天忽然玩起了好孩子的游戏，有一种酷酷的“邪恶美”。

小圆领也可单独生存，变成一个游离的服饰元素——假领子。这样，它就有了更多的组合可能，可变换出更多更奇异的搭配效果。

衣语
044

+ 海军领

海军领作为军装中最贴近生活的服饰元素从来就没有被尘封遗忘。制服控们，更是爱极了那标志性的颈后大大的翻领。

借用这个领型最成功的当属日本中学女学生制服，配合齐刘海的“学生头”，很好地表现了正处于豆蔻年华的少女们娇俏的一面。细细的脖颈配合大大的翻领，一种天真的柔弱美使这样的服饰成为经典。

海军领也并非只用在少女服饰中，如果成熟女性想尝试下“萝莉”风格，也可以扎上马尾，来一袭加入海军领元素的性感美衣。游走在成熟与纯真之间，玩一场错落有致的服饰游戏。

海军领是属于蓝色的，在荡漾的碧蓝色中，躁动的青春得以安放。

衣
语

+ 裙式下摆

裙式下摆是最适合需要减龄的群体的。这也是大女孩们回忆童年最好的服饰表达。裙式下摆缩短了裙子的长度，视觉上延长了腿部的长度，掩盖了不够完美的腹部线条，堪称服饰中的魔法师元素。

裙式下摆的使用有一个适合的度，如果过于贪图裙式的包容感，就容易堕入“孕妇装”的视觉效果，该掩饰的没掩饰，不想表达的还突出表达，让自己无比尴尬。

裙式下摆有减龄作用，但这也不是绝对的。如果天生一张娃娃脸，裙式下摆就相得益彰，如果长相成熟，拖着裙式下摆，就如同穿衣服差了辈分，不仅不减龄，还更突出了面容的沧桑。

都说“闻香识女人”，其实，看一个女人的服装样式可知她的品性及情趣。喜欢裙式下摆的女人大多天性纯真，孩子气。足够小鸟依人，完全能满足男人的保护欲，是大多男人心目中温柔可人的理想伴侣。

可这样的女子也有软肋，那就是不够独立，有比较强的依赖性。大大的下摆，藏起来的，不仅仅是不够自信的身材，还有一颗敏感又没有安全感的小心脏。

+ 大格子小格子

越简单的元素越容易流传深远，经久不衰。格子图案就是如此。

无论是大格子还是小格子，在服装界，都很吃得开。这种中性的图案，同时得到了女人和男人的喜爱。

而在格子家族中，最不能忽视的就是著名的苏格兰格子。

在欧美的纺织界流传这样一个说法：苏格兰格子，等于一部大英帝国的历史。据说这种古老的图案产生于1700年前的公元三世纪，最早出现在一种专门用作陶罐塞子的布料上。

苏格兰格子最经典的就是红配绿的造型，在当地，不同的颜色配比及图案的细微差别都标志着不同地区的着装风格，人们能从格子的形态得知穿着者来自哪里。

苏格兰格子从诞生以来，就不断登上各种服饰的舞台。一直到今天，格子控们初衷不改，依然疯狂地喜爱着这种经典到骨头里的服饰图案。

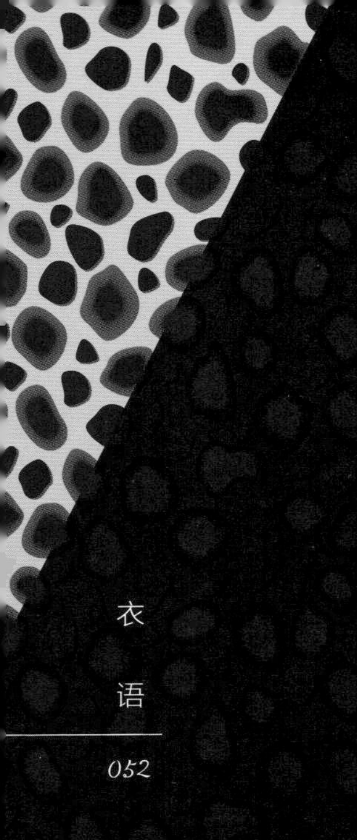

+ 豹纹

说到野性之美，服饰图案中，非豹纹不能诠释到位。

这种来源于猎豹身上天然斑点的图案，具有非凡的魅力，堪称强势风的代表“人物”。

豹纹最核心的部分是褐色的不规则斑纹。图案本身就具有一种不落常规的错落美，再加上接近深色土地的褐色。整体感觉厚实而具有进攻性。让人不忍直视。

一般来说，局部豹纹是一种内敛的强势。比如豹纹围巾，豹纹装饰领部或服装的其他局部。这种运用，柔弱之中闪现野性，有一种动态的节奏美感。

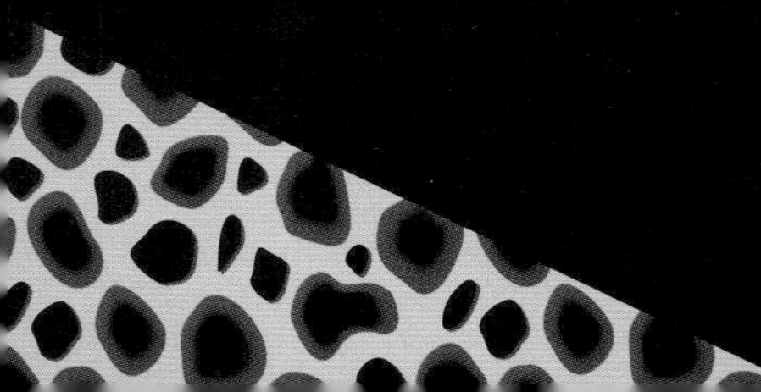

不要轻易尝试大片豹纹铺陈，除非真心希望营造超级霸气的强势美，否则，会让男人不敢接近只敢远观。全面豹纹，也不是一般女子能够驾驭的，如果本身不够强悍，没有足够的气场，穿上一身豹纹，更暴露了自己内心的不够强大，容易把豹纹穿成弱弱的“猫纹”。

+ 条纹

条纹也是经典的服饰元素之一。无论横条还是竖条，都能从在视觉上分割了身体的“总面积”，化整为零。运用得当，能利用视觉错觉，打造美好身材。但如果运用不当，也容易让糟糕的身材更加糟糕，甚至变优势为劣势。

在条纹图案中，最著名的，最被人熟知的要算斑马纹及海魂衫条纹。

斑马纹——和斑马比比时尚度

斑马纹，顾名思义，灵感就是来自斑马。据说，世界上没有两只完全相同的斑马，原因就是，没有两只斑马身上的纹路是一模一样的。斑马纹，黑白搭配，可宽可窄，经典的配色和生动的条纹，最简单的样式就可收获最生动的服饰表达。

海魂衫条纹——蓝色的富氧呼吸

蓝白条的海魂衫条纹，走的是海洋路线。那么摄人心魄的蓝色，无论多糟糕的心情，都会在蓝白相间的条纹中获得救赎。来一次富氧呼吸，给心灵放一个悠长的假期！

+ 波点

波点是或大或小的规则圆点规则排列的图案，同样是最经久不衰的经典图案之一。自诞生以来，波点就从来没退出过时尚圈，不断轮回于各个时尚周期，从来没有真正过时。

波点闪烁，闪现的是可爱俏皮的甜美感觉，拘谨严肃感得到很好的稀释。波点最经典的配色是黑点白底。这样的配色，既能表现波点的灵动，又避免了小圆点带来的“幼稚”之感，用在正装设计中，庄重中不失朝气，让人耳目一新。如果设计得当，用作礼服的主图案也能收到奇特的效果。

波点采用白底搭配其他彩色圆点，这类波点造型非常适合用于休闲类的服饰中。约会中，如果一袭波点长裙出场，定能让自己的魅力指数瞬间爆棚，完美锁定他的目光。

波点的运用当然也是有禁忌的。为人低调或身材不够完美，最好不要选择波点作为服饰主图案，以免成为众人焦点让自己感觉不自在。

衣语

触摸情怀的经典款式

和服装亲密接触，

和情怀动情相拥。

+ 简洁明了小西装

小西装，区别于特别正式拘谨的“大西装”，小西装的优势正在于“小”。比起正式的西装来，小西装在款式上，更加贴近时尚元素，适用场合更加多元。无论款型还是颜色，都有更多的变身可能。

小西装+铅笔裤（铅笔裙）

想要营造一个既硬朗又亲民的职业风格，这样的搭配永远不会出错。因为铅笔裙或铅笔裤已经显得很精干，作为上装的小西装可以选择稍微时尚一些的款式来营造亲和感。

小西装+连衣长裙

这样的搭配要的是种混搭效果，休闲的连衣长裙过于感性，就需要理性的小西装来中和一下。这样的服装适用于非正式的工作场合穿着。特别适合下班后要约会但没办法赶回家换装的白领一族。如果是对外与合作伙伴洽谈，这样穿着就不合适了。

小西装+抹胸短裙

如果对自己的女性魅力相当自信，并有必要在职场中适度适用，这个搭配就是最好的选择。如果需要去参加正式的工作派对 ，把小西装脱掉，抹胸裙的小小的性感绝对能让合作伙伴赏心悦目，让合作洽谈更加顺利。

+ 百搭无敌小黑裙

如果要选史上最百搭的裙装，小黑裙一定是当仁不让应该当选的。

确实，每个女生，都需要有一条小黑裙。

这样的小黑裙，百搭的长度，百搭的款式，具有最游离的组合性，兼容各种元素的装饰和搭配。

要正式，可配合昂贵的胸针和项链。丝巾或腰带也是能提升品味的外挂搭配。

+ 骨感诱惑抹胸裙

目前，时尚界的主流还是以瘦为美，所以，女人最性感的部位，除了胸，往后数，就是肩胛骨。

线条完美的肩胛骨能诠释女人的柔弱气质，能击中男人心头最柔软的一面。拥有美人肩的女子，最容易获得男性的呵护和关爱。

这么美丽的部位，如果遮上，那就是暴殄天物。如何展示，那是需要精心设计的。如果要选美肩的最佳服饰伴侣，那还数抹胸裙最称职。

抹胸裙，从胸部开始覆盖，去掉了传统的领部和袖子，完整地展示颈部及以下的肩部和部分背部，这部分的“露”和胸部的遮盖，让女性的含蓄和内敛与适度的张扬结合。性感就在这样的聪明“取舍”中悄悄弥漫。充满诱惑但又张弛有度。

+ 利落爽快连身裤

连身裤的流行是古典的逆袭。据说最早是在美国的空军军服中使用。连身裤最初的穿着者是男性而非女性，这也使得这类服装充满了中性意味。

连身裤后来延伸到了女性服装，成为很多女性外出郊游的休闲服。把连衣裙改成了连身裤，在美丽不打折扣的前提下，让女性利落方便了，坐卧都自如了许多。

可连身裤并非可推广的通勤服装。有人把连身裤称为美丽并尴尬着的服饰，确实有道理，因为这类服装并未考虑人的内急需求，实用性还是大打折扣的。短时间内穿着没问题，但要穿着一整天，功能性的缺陷就显现出来了。

可即使如此，连身裤在时尚界还是有自己的一席之地，包括各大时尚名利场，也能见到连身裤的身影。当美丽和便利不能兼得时，足够美丽也是让人不能舍弃的绝对长处。

+ 复古怀旧喇叭裤

喇叭裤盛行是上世纪80年代的事情。那时，美刚刚被解禁，人们急于张扬自己内心对漂亮服饰的渴望。所有欲望都被放大了，包括裤型。

上个世纪80年代的喇叭裤是很夸张的。大大的裤脚，从极其裹腿的下部一下子张开，足够覆盖脚面，没有足够的张力，无法驾驭这个款型。

在那个年代，对穿大喇叭裤的小青年，评价是比较负面的。喇叭裤+大背头+手拎收录机，几乎就是不务正业的待业青年的标配。

时过境迁，本世纪喇叭裤再流行，就少了张扬，多了一种温柔的宣泄。裤脚的竭力夸张变成了适度微张。裤腿到裤脚的合理过渡，视觉冲击没那么大了，倒让人容易接受和喜爱。

衣语

触摸理想的风格范儿

理 想 有 翅 膀 ， 悄 悄 地

在 心 底 飞 翔

+ 悠然自得文艺范儿

文艺青年什么范儿？悠然自得肯定是标签。文艺青年是内心特别平静的一群人。他们有理想，有信念，内心足够坚定，活在尘世，也能遗世独立。

世界太繁乱太匆忙，只有内心平静才能对抗这个快节奏的生活。服饰是内心的表达。文艺青年用充满田园气息的服饰风格彰显着自己存在的意义。

棉质的衬衫，棉质的外套，棉质的长裙。棉质的大大背包。尽量贴近自然，尽量远离工业的痕迹……

清新内敛的配色，灯红酒绿不沾，心无旁骛，所以心远地自偏。

+ 甜美可爱萝莉感

男人大多有萝莉情节，无论男人十八岁还是八十岁。

萝莉的美，在于童稚的天真混合成熟的气息。萝莉是天使与魔鬼的合体。天使般的面容，纯净无邪，但却有着魔鬼般魅惑的身材。

这样混搭起来，不知不觉充满了神秘感。不知道成人的一面是真的，还是童稚的一面才是真的。

看不清楚，才让人迷恋地追寻。

无论身边如何风景，萝莉如同活在自己的空间里，那么格格不入，那么特别。她们的不妥协隐藏在眼神里。眼神如丝，化骨绵掌一般消解尘世的心机与计算。一派天真，毫不设防似地昭示她们的清纯无邪。

+ 精明能干中性风

性别感，不总是优势。职场无情，有时并不因为女性的楚楚动人而网开一面。职场不相信眼泪，所以，女人只能收起柔弱，向中性靠拢。

中性风，并非完全隐藏性别，只是一种曲线的妥协。暂时放下过于轻松的休闲感，让自己紧张起来，利落起来，简洁起来。

长长的发，挽起，束成一个简单的发髻。同时束起的，还有小女人的心态。服饰能给人心理暗示，进入职场状态，需要服饰的强调和提醒。

漂亮的连衣裙，等到约会或周末再穿吧。铅笔裙或西装裤更能体现办公室气氛，让自己适度紧张更符合上班的心情。

中性风并不会完全抹杀女性的魅力。看惯了姹紫嫣红，有时更觉得中性风清新。

+ 艳光四射妩媚系

如果要妩媚，那就不要遮遮掩掩，中庸含蓄，索性张扬到底，艳光四射。

这样的风格注定是属于被称为人间尤物的女子。她们有柔媚的眼波，有如烟的长发，身材婀娜，吐气如兰。

即使蓬头垢面也无法掩盖她们过于耀眼的光芒，不如迎上去，放下假惺惺的谦虚和掩饰。用服饰大胆表达：我美丽，我骄傲。

大胆着色，勾勒出摄人心魄的线条吧！只要乐意，色彩和样式，和完美的身材交相辉映。万众瞩目又如何，在如织的目光下，妩媚得那么自信。

+ 精致有型古典派

古典和精致代表了品质。这是心思如发的细腻女子才能驾驭的风格。

她们沉浸在岁月的沉淀中，大浪淘沙，选出最顶尖的，好好珍藏。

她们大多信任低调的奢华带来的满足感。在内敛的华美中，可回忆，可畅想。在古典的旋律中合上现代的节拍，拂去岁月的沧桑，擦拭出清亮的光芒。

古典的美是需要细细琢磨的。第一面并不耀眼，但却暗暗落在心里，留有记忆。只等浮躁归于平静，看尽世间芳华后，收获蓦然回首的那份感动与惊喜。

回首间，繁花落尽，心情沉静如兰。才发现抚琴焚香，充满古典的女孩是那么清丽，那么可亲。

衣

语